DESCRIPTION

MÉTHODIQUE

D'UNE COLLECTION

DE MINÉRAUX,

DU CABINET DE M. D. R. D. L.

Usus & impigræ simul experientia mentis
Paulatim docuit pedetentim progredientes.

Lucret. de rer. nat. lib. V.

DESCRIPTION

MÉTHODIQUE

D'UNE COLLECTION

DE MINÉRAUX,

DU CABINET DE M. D. R. D. L.

Ouvrage où l'on donne de nouvelles idées sur la formation & la décomposition des Mines, avec un court exposé des sentimens des Minéralogistes les plus connus, sur la nature de chaque espèce, le Minéralisateur qui s'y rencontre, & la quantité de métal qu'elle produit.

PAR M. DE ROMÉ DELISLE, *de l'Académie Électorale des Sciences utiles de Mayence.*

A PARIS,

Chez { DIDOT jeune, Libraire, Quai des Augustins, près le Pont Saint-Michel.

KNAPEN, Libraire-Imprimeur, au bas de la Place du Pont Saint Michel.

M. DCC. LXXIII.

Avec Approbation & Privilége du Roi.

PRÉFACE.

LA Collection de Minéraux dont
on présente ici la description, est
moins considérable par le nombre
que par le choix des morceaux qui
la composent. Il est inutile de dire
qu'on s'est principalement attaché à
rassembler ceux qui ont paru les plus
propres à répandre du jour sur la
formation des mines en général &
sur celle de quelques espèces parti-
culières, dont le rapport immédiat
avec d'autres espèces qui les accom-
pagnent d'ordinaire, avoit à peine
été remarqué. La plûpart des Minéralogistes nous ont exposé les caractères distinctifs de chaque espèce
de Mine, d'après sa figure exté-

a iij

rieure, son tissu, sa dureté, sa pe-
santeur, sa couleur, & sur-tout d'a-
près les résultats plus ou moins exacts
que l'analyse chymique leur avoit
fournis ; mais très-peu se sont ex-
pliqués sur l'intime liaison que pa-
roissent avoir certaines espèces entr'elles.

C'est ce que nous nous sommes
proposés de faire dans cet ouvrage,
en distinguant avec soin, autant que
nos connoissances actuelles l'ont pû
permettre, les *Mines primitives* ou
d'ancienne formation de celles qui
portent avec elles les traces d'une
origine plus récente, quoique cette
origine remonte quelquefois à des
tems fort éloignés de nous.

On rencontre les *Terres métalliques* sous divers états qu'il est es-
sentiel de ne pas confondre. Elles
sont d'abord ou pures ou mélangées.
Les *Terres métalliques pures* sont
combinées ou non avec le principe

inflammable ; dans le premier cas, elles ont tout ce qu'il faut pour conftituer un métal parfait ; tels font l'*Or*, l'*Argent*, le *Cuivre* & le *Fer* appellés *vierges* ou *natifs* ; dans le fecond cas, elles font à l'état de chaux : les *Ochres martiales & cuivreufes*, l'*Hématite* & la *Mine rouge de cuivre* en fourniffent des exemples.

Les *Terres métalliques mélangées* ou *minéralifées* font pareillement combinées ou non avec le principe inflammable ; ce qu'il faut bien diftinguer pour prendre une idée jufte des altérations qui furviennent à ces fubftances que nous appellons Mines.

Les Mines de la première forte, ou celles dans lefquelles la terre métallique eft unie au principe inflammable, font ordinairement minéralifées par le Soufre ou par l'Arfénic, ou par l'un & l'autre à la fois ;

de ce nombre font les *Mines d'Argent blanches, grifes, rouges & vitreufes*; les *Mines de Cuivre grifes*; les *Mines de Fer fpéculaires & micacées grifes*; les *Pyrites martiales & cuivreufes*; les *Galénes* ou *Mines de Plomb grifes*; les *Mines d'Antimoine grifes*; les *Mines de Zinc* appellées *Blendes*; les *Mines de Cobalt blanches & grifes*, &c. Dans toutes ces mines, foit qu'il y ait un feul ou plufieurs minéralifateurs, foit que la fubftance minéralifante excede ou non la terre métallique, cette dernière fe trouve toujours combinée avec le principe inflammable : fi l'on y rencontre donc quelquefois une partie de cette terre à l'état de chaux ou à l'état falin, c'eft que la mine a déjà éprouvé de l'altération, ainfi que j'aurai occafion de le faire remarquer dans un grand nombre des morceaux qui compofent cette collection.

De la décompofition des Mines précédentes il réfulte, fuivant les circonftances, ou des *Métaux vierges* ou des *Mines à l'état de chaux*, qui ne contiennent plus ni Soufre, ni Arfénic. Dans ces Mines fecondaires, la terre métallique n'eft pas toujours à l'état de chaux pure ; elle eft fouvent combinée avec un principe falin qui la minéralife, comme il eft facile de s'en convaincre lorfqu'on fuit la méthode, jufqu'à préfent fi négligée, d'analyfer les mines dans des vaiffeaux fermés. C'eft ainfi que M. Sage, de l'Académie Royale des Sciences, eft parvenu à établir, par des expériences nouvelles & fort ingénieufes, que ce principe falin qui minéralife les mines à l'état de chaux, eft dans quelques-unes l'*Alkali volatil* & dans le plus grand nombre l'*Acide marin*. Les mines qui appartiennent à cette claffe font, la *Mine d'Argent cor-*

née, les *Mines de Fer spathiques* & *hépatiques*, l'*Azur* & le *Verd de cuivre*, la *Malachite*, les *Mines de Plomb vertes*, *rouges* & *blanches*, les *Cristaux d'Etain*, les *Mines d'Antimoine rouges*, les *Pierres calaminaires*, la *Manganaise*, les *fleurs de Cobalt*, &c.

Ces Mines de *nouvelle formation* étant la plûpart produites par la décomposition des *Mines primitives*, il n'est pas rare de les trouver réunies sur le même morceau. Les caractères qui les distinguent & qui établissent le rapport qu'elles ont entr'elles, sont alors si sensibles & si marqués qu'un Observateur attentif ne peut s'y méprendre, pour peu qu'il soit d'ailleurs versé dans la connoissance des Mines & des formes qui leur sont propres.

On ne peut, par exemple, révoquer en doute l'origine de l'*Argent vierge capillaire*, quand on voit qu'il se rencontre toujours sur une *Mine d'Argent blanche* ou *grise*, dont l'état de décomposition est prouvé par l'efflorescence vitriolique qui l'accompagne. Cette formation de l'Argent capillaire aux dépens de la Mine d'Argent grise est d'autant plus frappante, qu'elle arrive souvent sous nos yeux, comme ne l'ignorent pas ceux qui font des collections de Minéraux.

Les signes de décomposition, quoique moins évidens, ne sont pas moins certains dans la *Mine d'Argent noire* que dans celles dont on vient de parler. En effet, on y retrouve souvent tantôt la forme prismatique à sommets polygones des *Mines d'Argent rouges*, tantôt la forme triangulaire & pyramidale des *Mines d'Argent grises*, ce qui joint aux portions de ces Mines qui sont restées sans altération, suffit pour indiquer qu'elle leur doit son origine.

Les *Mines de Cuivre gorge de pigeon & queue de paon*, ainsi nommées de la variété des couleurs qu'elles présentent à leur surface, ne sont qu'une *Mine de Cuivre jaune* qui tend à se décomposer ; aussi remarque-t-on que, plus les couleurs en sont éclatantes, plus la mine est tendre & friable, tandis que les parties non altérées sont assez dures pour donner des étincelles lorsqu'on les frappe avec le briquet. Ces couleurs vives & variées annoncent aussi un commencement d'altération dans les *Galênes*, les *Hématites* & quelques autres Mines où elles se rencontrent.

La *Mine de Fer rougeâtre*, qui presque toujours accompagne la *Malachite* & les *fleurs de Cuivre vertes striées*, n'est point un de ces mélanges accidentels formés par la rencontre des matières hétérogênes qui circulent dans les mines ; c'est la terre martiale contenue d'abord dans la *Pyrite cuivreuse*, mais dont le cuivre s'est dégagé depuis pour reparoître sous une autre forme dans la *Mine de Cuivre verte* qui résulte de la décomposition de cette Pyrite.

Les *Cristaux d'azur de cuivre* ne se trouveroient pas toujours à la surface & dans les cavités des *Mines de cuivre grises* décomposées, si ces dernières ne contribuoient en rien à leur formation.

Les *Mines de Cuivre hépatiques*, le *Bleu* & le *Verd de montagne* nous fournissent encore de nouvelles preuves de la décomposition des Mines de Cuivre pyriteuses jaunes & grises.

La plûpart de ces décompositions étant occasionnées par l'activité des principes constituans de la *Pyrite*, on voit combien les exemples en doivent être fréquens dans les *Mines de fer* qui sont les plus communes & les plus variées de toutes les Mines. La *Pyrite martiale*, en se décomposant soit par la voie humide, soit par la voie séche, donne naissance tantôt aux *Mines de Fer d'un brun rouge* ou de *couleur de foie*, tantôt aux *Hématites* & souvent aux *Mines de Fer ochreuses* ou *limonneuses*. D'un autre côté, si l'*Hématite* vient à se combiner avec le phlogistique & le soufre, elle change de forme & de couleur, reprend l'éclat métallique & devient une *Mine de fer micacée grise* : de cette dernière à la *Mine de fer spéculaire* l'intervalle est peu sensible ; on trouve cependant entre l'une & l'autre des différences assez marquées pour ne les pas confondre.

Le passage du Spath calcaire rhomboïdal à l'état de *Mine de fer spathique*, par l'intermede des Pyrites qui se décomposent, est un de ces phénomènes curieux qu'on admet

difficilement ; mais, tout extraordi-
naire qu'il paroît, il n'offre rien de
plus fingulier que la tranfmutation
du Spath calcaire pyramidal en *Calamine blanche* par la décompofition des mines de Zinc appellées
Blendes. Avant que de nier de pa-
reils faits, il faut prendre la peine
de les examiner, & fe rappeller que
l'exiftence des pétrifications ligneu-
fes a été long-tems conteftée par la
difficulté qu'il y avoit de donner des
raifons fatisfaifantes de leur origine.

La décompofition des *Galênes* ou
Mines de plomb grifes, & leur con-
verfion en *Mine de plomb blanche*,
verte ou *rougeâtre* ; la transforma-
tion de ces dernières en *Mine de
plomb noire*, ou leur retour à l'état
de *Galêne* par une minéralifation
nouvelle, font des faits qui ne peu-
vent échapper à quiconque verra
fans prévention des morceaux pa-
reils à ceux que nous avons décrits

à l'article de ces Mines. On dira peut-être que ces morceaux font en trop petit nombre pour qu'on puiſſe en tirer des induĉtions auſſi générales que celles de la décompoſition & de la reproduĉtion journalière des Mines : mais, quand on examinera des morceaux de ce genre avec l'attention convenable, on aura lieu de ſe convaincre qu'ils font beaucoup plus communs qu'on ne penſe, & que rien n'eſt plus ordinaire dans le Régne minéral que ces états ſucceſſifs de formation & de deſtruction par où paſſent les Mines. On peut conſulter à ce ſujet les ſavans Traités de M. Lehmann & en particulier le Mémoire où ce profond Naturaliſte diſcute la queſtion, *ſi les Mines ſe forment ou croiſſent encore journellement dans le ſein de la terre ?* (*) » On ne peut, dit-il,

---

(*) La traduĉtion françoiſe de ce Mémoire

» apporter

» apporter trop de raisons pour ap-
» puyer une vérité physique , tant
» qu'il se trouve des hommes qui
» s'efforcent de la contredire ».

Les Mines Métalliques ne sont pas les seules qui viennent à l'appui de cette vérité ; il suffit de connoître les *Mines d'Antimoine rouges*, les *Pierres calaminaires*, les *fleurs de Bismuth & de Cobalt* pour juger que les Demi-Métaux , dans leurs mines, sont également exposés à des altérations fréquentes, qui se manifestent soit par l'efflorescence, soit par un changement total dans le tissu, la dureté, la couleur , &c. au point que ces nouvelles mines, quoique pourvues du même métal, n'ont plus rien de la forme ni des principes minéralisans qui se trouvoient dans les premières.

se trouve à la suite de l'*Art des Mines* du même Auteur, pag. 380 & suiv.

b

Les preuves nombreuses que nous venons de citer de la décomposition de certaines mines & de leur régénération sous une forme & des qualités souvent très-différentes de celles qu'elles avoient auparavant, sont plus que suffisantes pour porter la conviction dans l'esprit de ceux qui ont étudié la marche uniforme & constante de la Nature dans les trois Régnes : (*) nous conviendrons cependant que nous sommes encore bien éloignés d'avoir sur cet objet les connoissances nécessaires pour dévoiler les causes cachées de tous ces phénomènes, la manière dont elles agissent, les circonstances qui les font naître, & les particularités qui les distinguent. Si nous avons été assez heureux pour entrevoir quelques-uns des moyens dont la

____

(*) *Nec manet ulla sui similis res ; omnia migrant,*
Omnia commutat Natura , & vertere cogit.
Lucret. de rerum nat. lib. **V.**

Nature se sert pour opérer ces trans-
formations dans les Mines, loin de
penser qu'ils soient les seuls, nous
sommes très-persuadés qu'il en existe
beaucoup d'autres, qu'à l'aide de
l'observation & de l'expérience nous
parviendrons peut-être à découvrir
un jour.

EXPLICATION des noms abrégés des Auteurs & des Ouvrages de Minéralogie, cités dans cette Description de Minéraux.

Baum. min.	BAUMER (Jean-Wilhelm) Minéralogie publiée en Allemand sous ce titre : *Naturges-chichte des Mineralreichs*, &c. Gotha, 1763. *in-8°.*
Bertr. Dict. oryct.	BERTRAND (Elie) Diction-naire oryctologique universel. *La Haye*, 1763. *in-8°.*
Bucq. introd.	BUCQUET (M.) Introduc-tion à l'étude du Regne mi-néral. *Paris*, 1771. *in-12.*
Cappell. prodr. cryst.	CAPPELLER (Mauritius Ant.) Prodromus Crystallographiæ. *Lucernæ*, 1723. *in-4°. fig.*
Carth. min.	CARTHEUSER (Friderici-Augusti) Elementa Mineralo-giæ systematicè disposita. *Fran-cofurti ad Viadrum*, 1755. *in-8°.*
Cronst. min.	CRONSTEDT (Axel Fredric) an Essai towards a system of Mineralogy ; translated from the original swedish, with notes by Gustav Von-Engestrom. *London*, 1770. *in-8°.*
Dale Pharm.	DALE (Samuel) Pharmaco-logia. *Lugd. Batav*, 1739. *in-4°.*

Davila Cat. { Catalogue ſyſtématique & raiſonné des Curioſités de la Nature & de l'Art, qui compoſent le Cabinet de M. DAVILA. *Paris*, 1767. 3 vol. *in-8°*.

Eſſ. de Criſt.
Tabl. criſt.
Catal. raiſ.
{ ROMÉ DELISLE (J. B. L. de) Eſſai de Criſtallographie, ou Deſcription des figures géométriques propres à différens corps du Régne minéral, avec un Tableau criſtallographique. *Paris*, 1772, *in-8°. fig.*
——— Catalogue raiſonné d'une Collection de Minéraux. *Paris*, 1769 & 1772. *in-8°*.

Ferr. Imper.
hiſt. nat.
{ IMPERATO (Ferrante) Hiſtoria naturale, nella quale ordinatamente ſi tratta della diverſa condition di Minere, &c. *Venetia*, 1672. *in-fol.*

Gell. min. { GELLERT (Chriſtlieb - Ehregott) ſur les Mines ou Minérais, dans le Chap. VIII. de ſa Chymie métallurgique trad. de l'Allem. (par M. le Baron d'Holback.) *Paris*, 1758. *vol. in-12.*

Gron. ſuppel { GRONOVIUS (Joh. Fridericus) Index ſupellectilis lapideæ, quam collegit, in claſſes & ordines digeſſit, ſpecificis nominibus ac ſynonimis illuſtravit. *Lugduni - Batav.* 1750. *in 8°.*

Hebenftreit. { HEBENSTREITII (Joh. Er-nefti) Commentaria in Mu-fæum Richterianum. *Lipfiæ,* 1743. *in-fol. fig.*

Henck. introd. { HENCKEL (Jean-Frideric) Introduction à la Minéralogie : Ouvrage pofthume, traduit de l'édition Allemande qui a pour titre, *Henckelius in Mineralogiá redivivus.* Paris, 1756. *in-12.*

Juft. min. { JUSTI (Jean-Henri Gott-lobs de) Minéralogie publiée en Allemand, fous ce titre : *Grundriff des gefamten Mineral-Reiches,* &c. *Gottingue,* 1757. *in-8º.*

Kentm. nomencl. foff. { KENTMANNUS (Johannes) Nomenclatura rerum foffilium quæ in Mifniâ præcipuè & aliis quoque Regionibus obfervan-tur. *Tiguri,* 1565, *in-8º.*

Lehm. art des min. ------ Differt. { LEHMANN (Jean-Gotlob) L'Art des Mines, & Traité de la formation des Métaux, trad. de l'Allemand (par M. le Baron d'Holback.) *Paris,* 1759. *in-12.* ——— Differtation fur la Mine de Plomb rouge de Si-bérie. *Petersbourg,* 1766. *in-*$\frac{4}{}$º.

Lin. ſyſt. nat.
Amœn. acad.
-- It. Wgoth.
-- Muſ. Teſſ.
{ LINNÉ (Carolus a) Syſtema Naturæ, Editio IXᵃ. *Leydæ,* 1756. Xᵃ *Holmiæ,* 1758. XIIᵃ. *Holmiæ,* 1766. *in-8°.*
Ejuſdem Amœnitates Academicæ, *Holmiæ,* 1749 & ſeqq. *in-8°.*
Ejuſdem Iter Weſtrogoticum. *Holmiæ,* 1746. *in 8°.*
Ejuſdem Muſæum Teſſinianum, *Holmiæ,* 1753. *in-fol.*

Mercat.
metall. vatic.
{ MERCATI (Michael) Metallotheca Vaticana, cum appendice & notis Lanciſii. *Romæ,* 1717-1719. *in-fol.*

Monn. Exp.
des Min.
{ MONNET (M.) Expoſition des Mines, ou Deſcription de la nature & de la qualité des Mines. *Paris,* 1772. *in-12.*

Muſ.
Brackenhof.
{ Muſæum Brackenhofferianum. 1683. *in-8°.*

Muſ. Teſſ. *Voyez* LINNÉ.

Pott Lithog.
{ POTT (Jean-Henri) Lithogéognoſie, ou Examen chymique des Pierres, &c. trad. de l'Allemand. *Paris,* 1753. 2 vol. *in-12.*

Sage Élém. de min. doc. Éxam. chym.	{ SAGE (M.) Elémens de Minéralogie docimastique. *Paris,* 1772. *in.8°.* —— Examen chymique de différentes substances minérales. *Paris,* 1769. *in-12.*
Scheuchz. oryctogr.	{ SCHEUCHZERUS (Joannes-Jacobus) Oryctographia Helvetica. *Tiguri,* 1718. *in 4°.*
Scopol. de Hydrar. Idrenf.	{ SCOPOLI (Joan. Ant.) De Hydrargyro Idriensi. *Venetiis,* 1761. *in-8°,*
Swedenb. op. miner.	{ SWEDENBORGIUS (Emmanuel) Regnum subterraneum, sive minerale de ferro, &c. *Dresdæ & Lipsiæ,* 1734. *in-fol.* Regnum subterraneum sive minerale de cupro, &c. *Dresdæ & Lipsiæ,* 1734. *in-fol.*
Valm. de Bom. min.	{ VALMONT DE BOMARE, (M.) Minéralogie ou nouvelle exposition du Régne minéral. *Paris,* 1762. *in-8°.*
Vog. min.	{ VOGEL (D. R. A.) Mineral System. *Leipsig,* 1762. *in-8°.*
Wall. min.	{ WALLERIUS (Jean-Gottschalck) Minéralogie ou Description générale des substances du Régne minéral, trad. de l'Allemand (par M. le Baron d'Holback.) *Paris,* 1753. *in-8°*

Wolt. min. { WOLTERSDORFF (Joannis-Lucæ) Systema minerale in quo Regni mineralis producta omnia systematicè per classes, ordines, genera & species proponuntur. *Berolini*, 1755. *in-4°. oblongo.*

Woodw. meth. des foss. — Catal. des Foss. { WOODWARD (Jean) Distribution méthodique des Fossiles de toute espèce, &c. à la suite de la Géographie physique, édit. lat. *Lond.* 1714. Edit. fr. *Amst.* 1735. *in-8°.* Catalogue des Fossiles, en Anglois, sous ce titre : *An Attempt towards a natural History of the Fossils*, &c. *London*, 1729. *2 vol. in-8°.*

Worm. mus. { WORMIUS (Olaus) Musæum Wormianum. *Lugduni-Batav.* 1655. *in fol. fig.*

TABLE SYNOPTIQUE
DES MINÉRAUX.

MÉTAUX.

OR. ☉

ESP. I. A. **O**r vierge ou *natif*, Pag. 1
II. B. *Mine d'Or pyriteuse,* 3
III. C. —————— *arsénicale,* 6
IV. D. *Or blanc* ou *Platine,* 7

ARGENT. ☽

ESP. I. A. *Argent vierge* ou *natif,* 9
II. B. *Mine d'Argent vitreuse,* 13
III. C. —————————— *cornée,* 15
IV. D. —————————— *rouge,* 18
V. E. —————————— *blanche,* 22
VI. F. —————————— *grise,* 24
VII. G. —————————— *noire,* 27
VIII. H. —————————— *molle,* 31
IX. I. —————————— *dans la Galêne,* 33
X. K. —————————— *dans l'Antimoine,* 35
XI. L. *Blende tenant argent,* 37
XII. M. *Pyrite arsénicale tenant argent,* 38

XIII. N. *Pyrite sulfureuse tenant argent*, 40
XIV. O. *Cobalt tenant argent*, 42
XV. P. *Mine d'argent figurée*, 43
XVI. Q. *Mine d'argent alkaline*, 46

CUIVRE. ♀

ESP. I. A. *Cuivre précipité* ou *de cémentation*, 49
II. B. ———— *vierge* ou *natif*, 51
III. C. *Mine de Cuivre vitreuse rouge*, 53
IV. D. ———————— *vitreuse grise*, 58
V. E. ———————— *blanche*, 59
VI. F. ———————— *grise*, 62
VII. G. ———————— *vitreuse hépatique & azurée*, 64
VIII. H. *Mine de Cuivre jaune*, 68
IX. I. ———————— *d'un jaune pâle*, 74
X. K. ———————— *hépatique fausse*, 76
XI. L. ———————— *vitreuse noire*, 78
XII. M. ———————— *verte solide* ou *Malachite*, 82
XIII. N. *Azur de Cuivre pur* ou *fleurs de Cuivre bleues*, 85
XIV. O. *Verd de Cuivre pur* ou *fleurs de Cuivre vertes*, 89
XV. P. *Bleu de Cuivre impur*, dit *Bleu de montagne*, 92
XVI. Q. *Verd de Cuivre impur* dit *Verd de montagne*, 94
XVII. R. *Mine de Cuivre terreuse jaune ou brune*, 96
XVIII. S. *Mine de Cuivre figurée* ou *schisteuse*, 97
XIX. T. *Mine de Cuivre charbonneuse*, 99

FER. ♂

ESP. I. A. *Fer vierge* ou *natif*, 101

II. B. *Mine de Fer octaëdre*, *attirable*
à l'aimant, 104

III. C. *Mine de Fer noirâtre attirable*
à l'aimant, 106

IV. D. *Mine de Fer magnétique*, ou
Aimant, 111

V. E. *Mine de Fer grife ou bleuâtre*, 112

VI. F. ——————— *micacée grife*, 114

VII. G. ——————— *fpéculaire* ou *à fa-*
cettes brillantes, 116

VIII. H. *Pyrite martiale* ou *fulfureufe*, 122

IX. I. *Mine de Fer brune* ou *hépati-*
que, 124

X. K. *Mine Fer blanche arfénicale*, 129

XI. L. *Hématite fibreufe ou fanguine*, 131

XII. M. ——————— *folide & compacte :*
Emeril, 138

XIII. N. ——————— *friable en paillettes*, 140

XIV. O. *Fleurs d'Hématite* ou *Mine de*
Fer fpongieufe, 141

XV. P. *Mine de Fer fpathique*, 143

XVI. Q. ——————— *limonneufe*, 148

XVII. R. *Ochre martiale pure*, ou *Safran*
de Mars natif, 151

XVIII. S. *Mine de Fer figurée*, 153

XIX. T. ——————— *bleue* ou *alkaline*, 155

XX. V. ——————— *charbonneufe*, 156

ÉTAIN. ♃

ESP. I. A.   *Mine d'Étain blanche*,   158
    II. B.   *Mine d'Étain colorée*,   159
   III. C.   *Molybdéne* ou *Plombagine*, 165

PLOMB. ♄

ESP. I. A.   *Plomb vierge ou natif*, 169, 297
   II. B.   *Mine de Plomb grise ou Galéne,* 169
  III. C. ——————— *compacte*,   180
  IV. D. ——————— *stibiée*,   183
   V. E. ——————— *verte* ou *jaunâtre*,
                                    184
  VI. F. ——————— *blanche* ou *spa-
                    thique*,   188
 VII. G. ——————— *rougeâtre* ou *hé-
                    patique*,   192
VIII. H. ——————— *noire*,   194
  IX. J. ——————— *cornée*,   196
   X. K. ——————— *rouge cristallisée,* 198
  XI. L. ——————— *terreuse* ou *ochre
                    de Plomb*,   199
 XII. M. ——————— *terreuse arséni-
                    cale*,   201

DEMI-MÉTAUX.

MERCURE. ☿

ESP. I. A.   **M**ercure vierge ou *coulant*, 202
   II. B. Mine de Mercure criſtalliſée, 204
  III. C. ——————— en cinabre, 205
  IV. D. ——————— arſénicale, 208
   V. E. ——————— griſe, 209

ANTIMOINE. ♁

ESP. I. A. Antimoine vierge ou *natif*, 211
   II. B. Mine d'Antimoine criſtalliſée, 212
  III. C. ——————— griſe, *lamel-leuſe* ou *ſtriée*, 214
  IV. D. ——————— rouge, 217
   V. E. ——————— en plumes, 219

ZINC. ♃

ESP. I. A. Zinc criſtalliſé *natif*, 222
   II. B. Mine de Zinc blanchâtre, 223
  III. C. ——————— écailleuſe ou *criſ-liſée*. BLENDE. 225
  IV. D. Calamine ou *Pierre calaminaire*, 232
   V. E. Manganaiſe ou *Magnéſie*, 236

BISMUTH. ♆

ESP. I. A.   *Bismuth vierge* ou *natif*,   240
II. B.   Mine de *Bismuth arsénicale* ou *cobaltique*,   243
III. C.   ———————— *sulfureuse*,   245
IV. D.   ———————— *martiale*,   246
V. E.   *Ochre* ou *chaux de Bismuth native*, appellée *fleurs de Bismuth*,   ibid.

COBALT. ♀

ESP. I. A.   *Mine de Cobalt blanche*,   248
II. B.   ———————— *grise* ou *cendrée*, 250
III. C.   ———————— *sulfureuse*,   254
IV. D.   ———————— *d'un gris rougeâtre*,   255
V. E.   ———————— *en efflorescence* on *fleurs de Cobalt*,   257
VI. F.   ———————— *vitreuse noire*, 260
VII. G.   ———————— *molle* ou *terreuse*,   263

ARSÉNIC. ∽

ESP. I. A.   *Arsénic vierge* ou *Régule d'Arsénic natif*,   265
II. B.   Mine d'*Arsénic blanche*,   268
III. C.   ———————— *grise* ou *sulfureuse*,   270
IV. D.   *Chaux blanche d'Arsénic native*,   271

xxxij

V.	E.	*Arſénic blanc criſtallin natif*,	272
VI.	F.	*Orpiment natif*,	273
VII.	G.	*Réalgar natif*,	275

SOUFRE. ♃.

ESP. I.	A.	*Soufre vierge* ou *natif*,	278
II.	B	*Pyrite martiale informe*,	279
III.	C.	——————— *en globules*,	282
IV.	D.	——————— *polygone*,	285
V.	E.	——————— *informe, tenant cuivre*,	289
VI.	F.	——————— *criſtalliſée, tenant cuivre*,	291

Fin de la Table ſynoptique.

www.ingramcontent.com/pod-product-compliance
Lightning Source LLC
Chambersburg PA
CBHW060641080726
47818CB00041B/614